SUPPLÉMENT

AU SPECIMEN

DES

NOUVEAUX CARACTÈRES

DE L'IMPRIMERIE ET DE LA FONDERIE

DE PIERRE DIDOT, L'AINÉ,

ET JULES DIDOT, FILS,

PUBLIÉ EN MDCCCXIX.

ESSAI

D'UN NOUVEAU CARACTÈRE,

OFFRANT

UN ESSAI LYRIQUE

DE P. DIDOT, L'AÎNÉ,

CHEVALIER DE L'ORDRE ROYAL DE SAINT-MICHEL,

IMPRIMEUR DU-ROI ET DE LA CHAMBRE DES PAIRS.

À PARIS,

CHEZ L'AUTEUR,

ET JULES DIDOT, FILS,

CHEVALIER DE LA LÉGION D'HONNEUR.

RUE DU PONT DE LODI, N° 6.

MDCCCXXI.

(2)

ODE I.

CONTRE LA PASSION DU JEU.

Phébus, de ton char de lumière
Détache un rayon épuré :
Fais briller sur ma tête altière
De ton feu l'emblême sacré.
Viens m'inspirer ces chants de gloire,
Ces chants d'immortelle mémoire,
Du temps vaincu fiers souverains.
Qu'à la foudre ma voix pareille
Tonne, éclate, enchaîne l'oreille
De mes distraits contemporains.

Oui, c'est toi, dieu de l'harmonie,
Qui soutiens et conduis ma voix :
Je sens la flamme du génie ;
Et l'audace est un de ses droits.
Tu vois s'agiter sur l'arène
Cette dangereuse sirène,
Née aux bords du noir Phlégéthon ;
Confie à ma main suppliante
L'arc et la flèche impatiente
Dont tu perças l'affreux Python.

J'attaque un monstre plus farouche.
Sa fureur s'accroît chaque jour :
De l'hymen il flétrit la couche ;
Il trahit, il brave l'amour.
En tous lieux, dans le précipice,
Couvert par un lâche artifice,
Sa fourbe attire les mortels.
Dieu des vers et de l'éloquence,
Sa pernicieuse influence
Sourdement mine tes autels.

Je l'ai vu s'asseoir à la table
Ouverte à la fausse amitié :
Dans son regard impénétrable
Je cherchois en vain la pitié.
Quelque temps l'espérance avide,
Éclaircissant son teint livide,
Anima son œil louche et faux.
Mais, précurseur de la tempête,
L'orage a grondé. Sur sa tête
De la mort j'entrevis la faux.

Assez la colère céleste
Nous accabla de maux divers.
Fureur du jeu, fatale peste,
Replonge-toi dans les enfers.
L'insensé que ton souffle égare
Devient vil, injuste, barbare.
Sans honneur, comme sans amis,
Il subit la peine odieuse
De sa révolte audacieuse
Contre les paternels avis.

Hâte-toi, jouis, tendre mère;
Rêve au bonheur de tes enfants:
Flatte encor ta douce chimère;
Joins à tes vœux tes soins touchants.
L'heure fuit, l'infortune approche.
Épouse chaste et sans reproche,
L'ordre a régné dans ta maison:
D'un vain luxe noble ennemie,
À ta louable économie
Toujours applaudit la raison.

Que tes yeux vont verser de larmes!
Qui ne gémiroit sur ton sort!
De la paix tu goûtes les charmes,
Hélas! et ton époux est mort.
Le blasphème ouvre encor sa bouche.
Armé d'un désespoir farouche,
Sous le sort contraire abattu,
N'osant envisager sa vie
Par la misère poursuivie,
Le lâche est tombé sans vertu.

D'une scène, hélas! trop commune,
Quittons le théâtre sanglant.
Du favori de la fortune
Voyons le bonheur chancelant.
Modéle étrange de prudence,
Le sort, comme en ta dépendance,
A beau remplir tous tes souhaits;
Tu sais craindre un retour perfide;
La fraude au jeu souvent préside;
Tu vas, dis-tu, jouir en paix.

ODE I.

Qu'un autre tristement vieillisse
Dans un état infructueux :
Délivré de ce lent supplice....
Arrête, et frémis, malheureux :
Tremble. En ses fureurs légitimes,
Le remords, vengeur de nos crimes,
Ne sait point punir à demi.
En toi son erreur pardonnable
Peut lui montrer le vrai coupable,
Et l'assassin de ton ami.

ODE II.

SUR LE BONHEUR.

Aux bords fameux du Permesse,
Fécond en enchantements,
Du bonheur, jusqu'à l'ivresse,
J'ai goûté les éléments :
Dans la coupe fortunée,
Doux présent de l'hyménée,
Ma lèvre a pu se plonger ;
Époux, mon sort fut prospère :
À mon sujet, heureux père,
Puis-je me croire étranger ?

Bonheur, dont la jouissance
N'est souvent qu'un souvenir ;
Qui, dans ta frêle existence,
Te soutiens sur l'avenir ;
Pour provoquer ma poursuite,
Tu t'arrêtes dans ta fuite
Devant mon cœur isolé :
Ainsi des ondes perfides
Trompent les lèvres arides
De Tantale désolé.

Compagnon de notre enfance,
Ignoré, mais assidu,
Aux jours de l'adolescence,
Qui te cherche t'a perdu.
A la gloire, à la fortune,
À la grandeur importune,
Ira-t-il te demander?
Est-ce la molle indolence,
Ou l'active vigilance,
Qui vers toi doit le guider?

Le jeune homme, enfin son maître,
Ne cédant qu'à ses desirs,
Se croit sûr de te connoître
Dans l'amour et ses plaisirs.
Il jouit, et se tourmente,
Vole d'amante en amante,
S'applaudit, et se repent;
Il a reconnu près d'elles
Que sous les fleurs les plus belles
Peut se glisser un serpent.

Sous mainte forme bizarre
Le bonheur se montre encor.
Il s'offre aux yeux de l'avare
Épars dans des monceaux d'or.
De lui l'avare s'assure;
Sous une triple clôture
Il tient cet or enfermé;
Et près du coffre solide
Où tout son bonheur réside
Il veille, toujours armé.

Déja je te vois sourire,
Jeune et prodigue héritier:
À peine l'avare expire,
Son trésor n'est plus entier.
Le bonheur, c'est l'abondance,
Me dis-tu. Que la prudence
Soigne au moins tes intérêts:
Tu veux des plaisirs en foule;
L'or comme un torrent s'écoule,
Et laisse un fond de regrets.

Hélas! loin du plus grand nombre
Soudain le bonheur a fui:
Tel se perd dans la nuit sombre
L'éclair qui soudain a lui.
Tous, amoureux de prodiges,
Dans l'art et ses vains prestiges
Nous avons cru l'entrevoir.
C'est une erreur que j'abjure:
S'il a trahi la nature,
Il dut trahir notre espoir.

Près d'une fidéle amie,
O toi qui bénis tes jours,
De ta bienfaisante vie
Quel dieu vint régler le cours?
D'un travail souvent austère
Tu pris le joug salutaire;
Tu mis un frein à tes vœux.
Réponds, homme irréprochable,
Parle: Le plus équitable
N'est-il pas le plus heureux?

ODE II.

Je sais que, souvent bizarre,
Constamment capricieux,
Et moins prodigue qu'avare,
Le bonheur planc en tous lieux.
Chacun peut, à son passage,
Trouver, plus heurcux que sage,
Quelques lots inattendus :
Mais toujours il récompense
Et le pardon d'une offense,
Et les bienfaits répandus.

Toutefois, s'il s'alimente
De nos bonnes actions;
S'il évite la tourmente
De nos folles passions,
Pourquoi trop souvent du vice
Se montre-t-il le complice,
Non moins insolent que lui,
Lorsqu'il dédaigne, ou se lasse,
De se fixer sur la trace
De la vertu sans appui?

Le sommeil vint me surprendre
Rêvant encore au bonheur.
Je vis en songe descendre
Un ange plein de douceur.
Un souffle divin l'anime :
Dans une extase sublime
L'ange a captivé mes sens.
Mais bientôt il me réveille;
Sa voix frappa mon oreille;
J'entends encor ses accents :

« Reconnois ton ignorance,
« Juge insensé du bonheur :
« Tu n'en vois que l'apparence ;
« Sais-tu lire au fond du cœur?
« Dans cet obscur labyrinthe
« Vois-tu se glisser la crainte
« De l'inconstance du sort?
« Vois-tu la dent de l'envie,
« Et les dégoûts de la vie,
« Et les terreurs de la mort?

« Mais vouloir pour ton partage
« Un bonheur pur et constant,
« C'est convoiter l'héritage
« Que le juste seul attend.
« Considère, homme fragile,
« Et ta périssable argile,
« Et tes destins glorieux.
« Ce bonheur que rien n'altère,
« Rends-toi digne sur la terre
« De l'obtenir dans les cieux. »

ODE III.

A LA RECONNOISSANCE.

A M. LE COMTE DARU,

MEMBRE DE L'INSTITUT, PAIR DE FRANCE.

Douce et vive Reconnoissance,
Touchante interprète du cœur,
Suis les pas de la Bienfaisance,
Porte-lui ton tribut flatteur.
Qu'un hommage si légitime,
T'élevant dans ta propre estime,
Donne au bienfait un nouveau prix;
Qu'à ta voix enfin se réveille
Le froid obligé qui sommeille
Entre la honte et le mépris.

Celui qui peut rendre service,
Et dont le cœur n'est point glacé,
Augmente, à chaque bon office,
Un fonds sur sa tête placé:
La tendre humanité l'approuve.
Si l'ingratitude l'éprouve,
De l'épreuve il sort triomphant:
Mais toi, rends son sort plus prospère;
Il eut pour toi le cœur d'un père;
Montre celui d'un digne enfant.

 ODE III.

Loin, loin de toi la flatterie,
Et tout l'art des vains compliments:
C'est au fond d'une ame attendrie
Que sont peints les vrais sentiments:
Ouvre ce temple vénérable,
Où la bienfaisance adorable
Aime à voir son culte établi,
Où tu dois signaler sans cesse
Comme une honteuse foiblesse
Des bienfaits le funeste oubli.

Tout s'enchaîne dans la nature;
Des causes naissent les effets:
Le vice nous rend l'ame dure;
La vertu nous porte aux bienfaits.
Conduit par la reconnoissance
Aux autels de la bienfaisance,
On est plus sensible au malheur.
C'est là qu'au gré de la justice
Le cuivre et l'or du sacrifice
Souvent ont changé de valeur.

Vous qui n'aimez dans la fortune
Que le faste, et ces vains plaisirs
Dont souvent la foule importune
S'accroît sans remplir vos desirs,
Ignorez-vous qu'elle procure
Une jouissance plus pure
À ses favoris généreux?
Jouir étant votre système,
Goûtez donc le bonheur suprême
De soulager des malheureux.

Riche, saisis l'instant propice
Où tu peux réparer tes torts :
Qu'à ta voix s'élève un hospice,
Utile emploi de tes trésors.
Là, que l'enfant du pauvre accoure;
Qu'un travail réglé le secoure
Contre le vice corrupteur;
Et qu'à l'abri de la misère
Le vieillard courbé vers la terre
Puisse bénir un bienfaiteur.

Droits précieux de l'opulence !
Mais dans le plus humble réduit
L'inestimable bienfaisance
Sous d'autres formes se produit.
Sous les traits d'un enfant timide
Nous la voyons servir de guide
À l'homme en chemin égaré;
Sous divers traits elle présente
Le verre d'eau dont se contente
L'humble voyageur altéré.

Ici, sombre et touchante image !
Elle rompt ce morceau de pain
Que le pauvre affamé partage
Avec celui qui meurt de faim.
Le voilà l'utile exercice
Où chacun doit entrer en lice,
Par la bienfaisance excité.
Qu'entre tous s'échauffe la lutte :
Le noble prix qu'on y dispute
Est le bien de l'humanité.

Ainsi la richesse est certaine
D'échapper au pressant danger
Des maux qu'à sa suite elle entraîne.
Mais sans elle on peut obliger.
D'un bon exemple la constance
Peut à l'âge de l'imprudence
Fermer le chemin de l'erreur.
Le conseil désarme un perfide :
La raison peut d'un suicide
Prévenir l'éternelle horreur.

Mais sous mes pieds la terre tremble ;
Les éclairs pressent les éclairs :
Vingt foudres éclatent ensemble :
Quelle vapeur noircit les airs !
Un spectre, de vengeance avide,
Noir démon, terrible Euménide,
Un monstre épouvante mes yeux.
Quel aspect sinistre et farouche !
Un souffle impur gonfle sa bouche.
Éloigne-toi, spectre odieux.

Que veux-tu, noire ingratitude ?
Braver les dieux sur leurs autels !
Toi dont l'abominable étude
Est de désunir les mortels.
Avec l'enfer d'intelligence,
As-tu préparé ta vengeance ?
Que manque-t-il à tes forfaits,
Monstre, dont l'horrible ressource,
N'en ayant pu tarir la source,
Est d'empoisonner les bienfaits ?

·Accours, vierge reconnoissante;
À ma voix unis tes efforts :
L'ingratitude pâlissante
Éprouve enfin quelques remords.
Pénétre en ce cœur misérable :
Parmi nous d'un nom exécrable
Détruis jusques au souvenir;
Et que les filles de mémoire
Seules, et pour ta seule gloire,
L'osent apprendre à l'avenir.

AVIS AUX LIBRAIRES.

Voici ce même caractère, le onze moyen, présenté dans tout son développement à longues lignes, et dans la justification la plus généralement adoptée pour le format in-8° ordinaire.

Il sera ainsi plus facile, en comptant le nombre de lettres employées dans telle ou telle ligne, de juger par approximation de celui que doit contenir chaque page ; et l'on verra avec surprise que ce caractère, dont les formes et les proportions sont d'ailleurs assez agréables et assez heureuses, a la faculté d'accueillir et de renfermer en un modique espace un nombre de lettres considérable, et tel que sur le dix et demi, par exemple, il ne perd pas une m, au bout d'une longue ligne. On pourra remarquer aussi son alignement rigoureux, conséquence immédiate de la régularité typographique et de la justesse de ses proportions, dont les combinaisons diverses ne m'indiquent que peu de corrections à tenter.